中国林业出版社

U0309024

办公建筑

2013 建筑 + 表现
⑦ 北京吉典博图文化传播有限公司

中国林业出版社

图书在版编目（CIP）数据

2013 建筑＋表现 . 2，办公建筑 ／ 北京吉典博图文化传播有限公司编 .
—— 北京 ：中国林业出版社，2013.5
ISBN 978-7-5038-6996-9

Ⅰ . ① 2… Ⅱ . ①北… Ⅲ . ①办公建筑－建筑设计－中国－图集 Ⅳ . ① TU206

中国版本图书馆 CIP 数据核字 (2013) 第 055074 号

主　　编：石晓艳
副 主 编：李　秀
艺术指导：陈　利
编　　写：徐琳琳　　卢亚男　　谢　静　　梅　非　　王　超　　吕聘聘　　汤　阳
　　　　　林　贺　　王明明　　马翠平　　蔡洋阳　　姜雪洁　　王　惠　　王　莹
　　　　　石薛杰　　杨　丹　　李一茹　　程　琳　　李　奔
组　　稿：胡亚凤
设计制作：张　宇　　马天时　　王伟光

中国林业出版社·建筑与家居出版中心
责任编辑：成海沛、李　顺
出版咨询：（010）83228906

出　版：中国林业出版社（100009 北京西城区德内大街刘海胡同 7 号）
印　刷：北京利丰雅高长城印刷有限公司
发　行：新华书店北京发行所
电　话：（010）8322 3051
版　次：2013 年 5 月　第 1 版
印　次：2013 年 5 月　第 1 次
开　本：635mm×965mm，1/16
印　张：21
字　数：200 千字
定　价：350.00 元

目录
CONTENTS

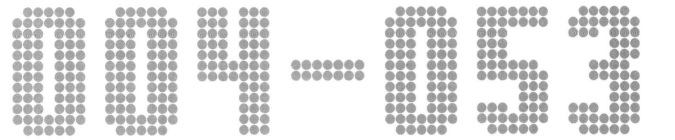

办公建筑
OFFICE BUILDINGS

2013 建筑 + 表现

超高层办公建筑
SUPER HIGH-RISE
OFFICE BUILDINGS

1 2 HQ tower

设计：liag
绘制：丝路数码技术有限公司

3 某创业大厦

设计：北京中元国际设计研究院
绘制：北京华洋逸光建筑设计咨询顾问有限公司

1

1 某计算机中心综合服务楼

设计：四川省农村信用社联合社
绘制：丝路数码技术有限公司

2 成都美邦广场

设计：方略设计
绘制：北京图道影视多媒体技术有限责任公司

3 遂昌某办公楼

设计：上海翼觉建筑设计咨询有限公司
绘制：上海翼觉建筑设计咨询有限公司

4 某高层办公楼

设计：华都建筑规划设计有限公司
绘制：丝路数码技术有限公司

1 2 3 4 广州 ochirly 大厦

设计：AS
绘制：丝路数码技术有限公司

4

1 2 3 4 湖南日报办公楼

设计：何学山
绘制：上海赫智建筑设计有限公司

1 **4** 华强长春城市广场

设计：OUR（HK）设计事务所
绘制：深圳市长空永恒数字科技有限公司

2 深圳某小高层办公

设计：EMBT
绘制：上海瑞丝数字科技有限公司

3 星河雅宝办公楼

设计：Aecom
绘制：丝路数码技术有限公司

4

1 某办公楼

绘制：武汉市自由数字科技有限公司

2 某办公区

绘制：北京尚图数字科技有限公司

3 **4** 某超高层办公楼

设计：南昌大学设计研究院
绘制：南昌浩瀚数字科技有限公司

3

4

1 2 3 4 某超高层办公楼

设计：南昌大学设计研究院
绘制：南昌浩瀚数字科技有限公司

1 2 3 某高层办公楼

设计：上海瑞丝数字科技有限公司
绘制：上海瑞丝数字科技有限公司

1 torre 办公楼

设计：Linsger Archite

绘制：成都市浩瀚图像设计有限公司

2 3 4 东大街金融 9 号地块办公楼

设计：西南设计院一所

绘制：成都蓝宇图像

1 2 小麦岛概念性规划

绘制：丝路数码技术有限公司

3 红泰办公楼

设计：胡浩
绘制：成都市浩瀚图像设计有限公司

4 宁波中心

设计：保利
绘制：丝路数码技术有限公司

5 某高层办公楼

设计：上海瑞丝数字科技有限公司
绘制：上海瑞丝数字科技有限公司

1 2 3 4 5 艾溪湖超高层公建

设计：江西省城镇规划设计研究院
绘制：南昌浩瀚数字科技有限公司

4

5

x

1 2 3 4 5 北京某高层办公楼

设计：北京天圆祥泰房地产开发公司
绘制：北京东方豹雪数字科技有限公司

1 2 3 恒逸大厦
绘制：上海携客数字科技有限公司

4 广发大厦
设计：Jaeger&partner
绘制：深圳市深白数码影像设计有限公司

4

1 某高层

设计：上海瑞丝数字科技有限公司
绘制：上海瑞丝数字科技有限公司

2 3 华南集团综合楼

设计：中信建筑设计研究总院有限公司
绘制：武汉壹天建筑设计咨询有限公司

4 5 6 某办公楼

设计：林涛
绘制：成都星图数码 陈禹

1 菩提金国际金融中心

　　设计：武汉大地艺术设计装饰有限公司
　　绘制：武汉擎天建筑设计咨询有限公司

2 **3** 某办公群体

　　设计：上海集合建筑设计咨询有限公司
　　绘制：上海日盛＆南宁日易盛设计有限公司

1 深圳某办公楼

　　设计：深圳市联盟建筑设计有限公司
　　绘制：深圳市深白数码影像设计有限公司

2 钱江世纪城

　　设计：ADA 巴塞罗那建筑设计公司
　　绘制：杭州博凡数码影像设计有限公司

3 **4** 世纪城超高层项目

　　设计：中国联合工程公司
　　绘制：杭州博凡数码影像设计有限公司

1 某高层办公楼

设计：上海瑞丝数字科技有限公司
绘制：上海瑞丝数字科技有限公司

2 世纪城超高层项目

设计：中国联合工程公司
绘制：杭州博凡数码影像设计有限公司

3 海口塔办公楼

设计：德国海茵
绘制：丝路数码技术有限公司

1 重庆 CBD 城市设计

设计：陈世民
绘制：丝路数码技术有限公司

2 **3** **4** 昆明某超高层项目

设计：华森建筑设计咨询有限公司
绘制：深圳筑之源数字科技有限公司

1 2 3 4 5 石家庄浙商大厦

设计：美国佩肯（深圳）有限公司
绘制：深圳瀚方数码图像设计有限公司

1 2 3 深圳龙岗大楼
设计: LWK(HK)
绘制: 深圳市水木数码影像科技有限公司

4 5 6 营口银行
设计: 哈尔滨工业大学建筑设计研究院
绘制: 黑龙江省日盛设计有限公司

1 二十二冶办公楼

设计：某建筑设计事务所
绘制：北京力天华盛建筑设计咨询有限责任公司

2 **3** 深圳龙岗大楼

设计：LWK（HK）
绘制：深圳市水木数码影像科技有限公司

4 浙商国际大厦

绘制：成都上润图文设计制作有限公司

5 呼和浩特某高层

设计：黑龙江省日盛设计有限公司
绘制：黑龙江省日盛设计有限公司

6 某超高层办公楼

绘制：北京尚图数字科技有限公司

1 2 3 4 5 大连 CBD 二期

　设计：美国 BurtHill
　绘制：成都市浩瀚图像设计有限公司

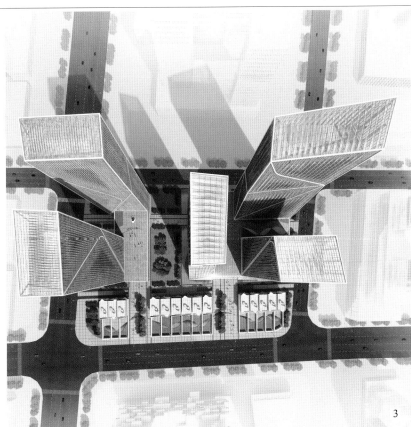

3

4

5

054-183

办公建筑
OFFICE BUILDING

2013 建筑＋表现

高层办公建筑
HIGH-RISE OFFICE BUILDINGS

1 贵州毕节写字楼
设计：深圳市联盟建筑设计有限公司
绘制：深圳市深白数码影像设计有限公司

2 某盐业大厦
设计：江西省建筑设计研究院
绘制：南昌浩瀚数字科技有限公司

2

1 2 3 慈溪办公楼

设计：宁波市城建设计研究院
绘制：宁波筑景

4 某传媒大楼

绘制：杭州弧引数字科技有限公司

5 供电公司电力生产调度楼

设计：湖南省建筑设计院东莞分院
绘制：东莞市天海图文设计

6 阜新某办公楼

绘制：北京意格建筑设计有限公司

1 2 3 广州中交集团
设计：深圳建科院
绘制：深圳市原创力数码影像设计有限公司

4 某旧房改造
设计：上海米川建筑设计事务所
绘制：上海瑞丝数字科技有限公司

广州中交集团
设计：深圳建科院
绘制：深圳市原创力数码影像设计有限公司

1 某旧房改造

设计：上海米川建筑设计事务所
绘制：上海瑞丝数字科技有限公司

2 某石油地块办公楼

设计：丹山规划建筑设计研究院
绘制：杭州骏翔广告有限公司

3 某办公楼

绘制：武汉市自由数字科技有限公司

1

1 龙潭总部基地

　　设计：北京清尚环艺建筑设计院
　　绘制：北京东方豹雪数字科技有限公司

2 昆明某办公楼

　　设计：北京中外建深圳分公司
　　绘制：深圳市千尺数字图像设计有限公司

3 李朗办公区

　　设计：深圳市承构建筑咨询有限公司
　　绘制：深圳市图腾广告有限公司

1 2 腾讯大楼

 设计：上海栖城
 绘制：上海瑞丝数字科技有限公司

4 乌海住宅小区办公楼

 设计：SYN 建设设计事务所
 绘制：北京映像社稷数字科技

3 某商务中心

 设计：杭州鑫瑞建筑景观设计有限公司
 绘制：杭州潘多拉数字科技有限公司

5 某办公楼

 绘制：宁波筑景

1 南京圣迪奥
设计：清华院
绘制：丝路数码技术有限公司

2 **3** 五矿集团
设计：安徽省建筑设计研究院
绘制：合肥 T 平方建筑表现

3

1 2 3 山西太原长风项目

设计：某建筑设计事务所
绘制：北京力天华盛建筑设计咨询有限责任公司

4 某办公楼

绘制：武汉市自由数字科技有限公司

5 白沟某办公楼项目

设计：城建院
绘制：丝路数码技术有限公司

1 江苏某科技大楼

　　绘制：杭州弧引数字科技有限公司

2 大连财富中心

　　设计：SYN 建设设计事务所
　　绘制：北京映像社稷数字科技

3 **4** 江岸沿江商务区

　　绘制：武汉市自由数字科技有限公司

1

1 江阴中南重工办公总部

设计：得盛（上海）建筑设计咨询有限公司
绘制：上海鼎盛建筑设计有限公司

2 3 4 枋湖办公楼

设计：厦门奥邦建筑设计　吴工
绘制：厦门众汇 ONE 数字科技有限公司

1 2 绵阳鸿波办公楼
设计：德包豪斯建筑规划设计（杭州）有限公司
绘制：杭州博凡数码影像设计有限公司

3 4 北京华园办公楼
设计：上海PRC建筑咨询有限公司
绘制：上海瑞丝数字科技有限公司

5 6 重庆双远实业集团改造
设计：北京思建国际建筑咨询有限公司
绘制：北京华洋速光建筑设计咨询顾问有限公司

1 某办公楼

　　设计：上海某设计事务所
　　绘制：西安鼎凡数字科技有限公司

2 光伏厂区高层办公楼

　　设计：大庆市开发区设计院
　　绘制：黑龙江省日盛设计有限公司

3 合肥动漫基地办公楼

　　设计：安徽省建筑设计研究院
　　绘制：合肥T平方建筑表现

1 2 洛阳市黄河路办公楼

设计：中机十院国际工程有限公司（洛阳分公司）
绘制：洛阳张涵数码影像技术开发有限公司

3 义乌福田银座

设计：中国联合工程公司
绘制：杭州博凡数码影像设计有限公司

4 5 6 武汉融众金融中心概念方案设计

设计：OUR（HK）设计事务所
绘制：深圳市长空永恒数字科技有限公司

1 盐豫办公楼

设计：张栋

绘制：深圳市原创力数码影像设计有限公司

2 **3** 杭州谷丰大厦

绘制：武汉市自由数字科技有限公司

1 某办公楼

　　绘制：温州焕彩传媒

2 晋江宝龙大厦

　　设计：上海豪张思建筑设计有限公司
　　绘制：上海鼎盛建筑设计有限公司

3 丰泰办公楼

　　设计：绵阳市朝阳建筑设计有限公司
　　绘制：绵阳市瀚影数码图像设计有限公司

4 金辉盐城办公楼

　　设计：上海鼎实建筑设计有限公司
　　绘制：上海艺筑图文设计有限公司

5 某办公楼

　　绘制：福州全景计算机图形有限公司

設計：中国建筑设计研究院深圳分院
绘制：深圳市一凡数字影像有限公司

2 3 松山湖科技服务大厦

設計：广东尚华工程设计有限公司
绘制：东莞市天海图文设计

1 九江日报社

設計：中国建筑设计研究院深圳分院
绘制：深圳市一凡数字影像有限公司

2 3 松山湖科技服务大厦

設計：广东尚华工程设计有限公司
绘制：东莞市天海图文设计

1 2 杭州市萧山区商会大厦

设计：杭州市花之建筑设计有限公司
绘制：杭州拓景数字科技有限公司

3 深圳某办公楼方案二

设计：吴文达
绘制：东莞市天海图文设计

4 5 南润盛世南岸

设计：深圳方脉建筑设计
绘制：深圳市水木数码影像科技有限公司

1 2 南润盛世南岸

设计：深圳万脉建筑设计
绘制：深圳市水木数码影像科技有限公司

3 南润盛世南岸方案二

设计：深圳万脉建筑设计
绘制：深圳市水木数码影像科技有限公司

1 龙岗中心办公楼

设计：华纳
绘制：深圳市千尺数字图像设计有限公司

2 临颖规划办公楼

设计：河南省规划设计研究院
绘制：河南灵度建筑景观设计咨询有限公司

3 某高层办公楼

设计：刘玉
绘制：成都蓝宇图像

1 河南某办公楼

设计：机械工业第六设计研究院
绘制：河南灵度建筑景观设计咨询有限公司

2 博元办公楼

设计：宏正建筑设计院
绘制：杭州景尚科技有限公司

3 洛阳某办公楼

设计：上海群马建筑设计咨询有限公司
绘制：上海翼觉建筑设计咨询有限公司

1 某办公楼

绘制：北京华洋逸光建筑设计咨询顾问有限公司

---

2 某办公楼

设计：江西省建筑设计研究院
绘制：南昌浩瀚数字科技有限公司

---

3 某办公楼

设计：叶工设计事务所
绘制：上海冰杉信息科技有限公司

---

4 某办公楼

设计：华特
绘制：北京尚图数字科技有限公司

1 安徽省邮政储蓄银行

设计：安徽省建筑设计研究院
绘制：合肥 T 平方建筑表现

2 板桥新城项目

绘制：丝路数码技术有限公司

3 mcb 办公楼

设计：Linsger Archite
绘制：成都市浩瀚图像设计有限公司

1 江北某办公楼

设计：宁波市民用建筑设计研究有限公司
绘制：宁波筑景

2 浏阳办公楼方案一

设计：华诚博远长沙分公司
绘制：长沙工凡建筑表现

3 某办公楼

设计：概念源
绘制：宁波筑景

4 **5** 龙湾城市中心区企业安置办公楼

设计：温州城市规划设计院锦凡工作室
绘制：温州焕彩传媒

1 2 三洲项目

设计：清华大学建筑设计研究院贝禾设计公司（国际）
绘制：北京回形针图像设计有限公司

3 某办公楼

绘制：合肥三立效果图（森筑图文）

4 某办公楼

绘制：武汉市自由数字科技有限公司

1 马来西亚某高楼

绘制：温州焕彩传媒

2 洛阳市某高层办公楼

设计：中机十院国际工程有限公司（洛阳分公司）
绘制：洛阳张涵数码影像技术开发有限公司

3 上海某办公楼

绘制：北京意格建筑设计有限公司

设计：苏州市规划院
绘制：苏州蓝色河畔建筑表现设计有限公司

设计：河南智博建筑设计有限公司
绘制：洛阳张涵数码影像技术开发有限公司

1 莲花湾办公楼

设计：苏州市规划院
绘制：苏州蓝色河畔建筑表现设计有限公司

3 凯玛大厦

绘制：宁波筑景

2 洛阳市某办公楼

设计：河南智博建筑设计有限公司
绘制：洛阳张涵数码影像技术开发有限公司

4 大华国际港办公楼

设计：合肥景尚动画公司委托
绘制：合肥T平方建筑表现

1 东莞松山湖项目
　设计：华森建筑设计咨询有限公司
　绘制：深圳筑之源数字科技有限公司

2 龙华办公楼
　设计：北京中外建建筑设计有限公司
　绘制：深圳市深白数码影像设计有限公司

3 绵阳某办公楼
　设计：重庆汉嘉　李勇兵
　绘制：厦门众汇 ONE 数字科技有限公司

4 某办公楼
　设计：机械工业第六设计研究院
　绘制：河南灵度建筑景观设计咨询有限公司

1

1 2 某办公楼

　绘制：武汉市自由数字科技有限公司

3 4 世贸锦绣长江

　绘制：武汉市自由数字科技有限公司

5

6

1 2 即墨某办公楼

设计：张万鑫

绘制：上海赫智建筑设计有限公司

3 联通大厦

设计：吴文达

绘制：东莞市天海图文设计

1 2 维科办公楼

设计：王江峰
绘制：上海赫智建筑设计有限公司

3 4 武宁某办公楼

设计：厦门华炀—上海邦炀　李鹏
绘制：厦门众汇 ONE 数字科技有限公司

1 新城大厦

　　绘制：上海鼎盛建筑设计有限公司

2 某办公楼

　　设计：戴维德
　　绘制：北京尚图数字科技有限公司

3 昆明市天时大厦

　　设计：杭州拓景数字科技有限公司
　　绘制：杭州拓景数字科技有限公司

4 某办公楼

　　绘制：丝路数码技术有限公司

1 某办公楼
　绘制：合肥三立效果图（森筑图文）

2 洛阳市栾川金融大厦
　设计：机械工业第四设计研究院
　绘制：洛阳张涵数码影像技术开发有限公司

3 创智天地办公楼
　设计：天华一所
　绘制：丝路数码技术有限公司

1

1 成都腾讯大楼
设计：上海栖城　周峻
绘制：上海瑞丝数字科技有限公司

2 大桥局办公楼
设计：泛太平洋设计与发展有限公司
绘制：上海艺筑图文设计有限公司

3 某办公楼
绘制：北京尚图数字科技有限公司

4 某办公楼
绘制：上海翰境数码科技有限公司

1

2

1 北京某办公楼

绘制：北京意格建筑设计有限公司

2 中铁办公楼投标

设计：华森建筑设计咨询有限公司
绘制：深圳筑之源数字科技有限公司

3 QH

设计：lava
绘制：丝路数码技术有限公司

4 阿里巴巴办公楼

设计：奥雅纳
绘制：丝路数码技术有限公司

1 2 3 4 郑东出版社集团

绘制：北京华洋逸光建筑设计咨询顾问有限公司

1 2

3 漳州某高层办公楼
设计：厦门中祥建筑工程设计有限公司 郭磊
绘制：厦门飞炎汇ONE数字科技有限公司

3

1 虎门某办公楼

绘制：东莞市天海图文设计

2 湖南某办公楼

绘制：杭州弧引数字科技有限公司

3 杭州新天地项目

设计：杭州光合建筑设计有限公司
绘制：杭州博凡数码影像设计有限公司

4 佛山某办公楼

绘制：深圳市方圆筑影数字科技有限公司

5 某办公楼

设计：林涛
绘制：成都星图数码　陈禹

4

5

1 英轩控股
　绘制：济南雅色机构

2 3 宏声综合体
　设计：方略设计
　绘制：北京图道影视多媒体技术有限责任公司

1

河源大楼
设计：香港华艺建筑设计

1

1 2 3 4 5 成都基地办公楼

设计：中国工程物理研究院建筑设计院
绘制：绵阳市瀚影数码图像设计有限公司

1 2 3 河南移动
设计：SYN 建设设计事务所
绘制：北京映像社稷数字科技

4 温州某办公楼
设计：华森建筑设计咨询有限公司
绘制：深圳筑之源数字科技有限公司

5 某办公楼
设计：中国瑞林建筑工程技术有限公司
绘制：南昌浩瀚数字科技有限公司

6 武控办公楼
设计：武汉市建筑设计院
绘制：武汉擎天建筑设计咨询有限公司

1 某报业大厦

设计：山东同圆设计集团有限公司
绘制：济南雅色机构

2 某办公区

绘制：上海翰境数码科技有限公司

3 某创业广场

设计：深圳筑诚时代建筑设计有限公司
绘制：深圳市深白数码影像设计有限公司

4 某创业大厦

设计：四川华辉建筑设计公司西安分公司
绘制：西安创景建筑景观设计有限公司

3

4

1 某办公楼

设计：陕西省建科院
绘制：西安鼎凡数字科技有限公司

2 南通某办公楼

设计：苏州市规划院
绘制：苏州蓝色河畔建筑表现设计有限公司

3 某办公楼

设计：上海美筑群景建筑设计有限公司
绘制：上海翼觉建筑设计咨询有限公司

4 某办公楼

绘制：上海翰境数码科技有限公司

1 某办公楼

绘制：宁波芒果树图像设计有限公司

2 某大厦

绘制：福州全景计算机图形有限公司

3 某办公楼

设计：都市营造
绘制：宁波芒果树图像设计有限公司

4 松江科技绿洲办公楼

设计：上海思纳史密斯建筑设计咨询有限公司
绘制：上海鼎盛建筑设计有限公司

5 某科技大楼

绘制：东莞市天海图文设计

6 某公建

设计：北京舍垣建筑设计咨询公司
绘制：济南雅色机构

1 某旧楼改造

设计：吴迪
绘制：西安创景建筑景观设计有限公司

2 某公建

绘制：福州全景计算机图形有限公司

3 某高层办公楼

设计：大庆市建筑设计研究院
绘制：黑龙江省日盛设计有限公司

3

1 某地产大厦办公楼

设计：北京荣盛景程建筑设计有限公司
绘制：北京回形针图像设计有限公司

2 某办公楼

绘制：北京尚图数字科技有限公司

3 某高层办公楼

绘制：上海翰境数码科技有限公司

4 某高层办公楼

绘制：合肥市包河区徽源图文设计工作室

5 某公建

绘制：济南雅色机构

4

1 某办公楼概念方案

　　绘制：东莞市天海图文设计

2 某办公楼

　　设计：上海经伟设计
　　绘制：合肥市包河区徽源图文设计工作室

3 某办公楼

　　设计：杭州拓景
　　绘制：杭州拓景数字科技有限公司

4 某办公楼

　　绘制：上海翰境数码科技有限公司

1 2 宜昌山水办公楼

　　绘制：武汉市自由数字科技有限公司

3 某办公楼

　　绘制：上海翰境数码科技有限公司

4 龙岗天安数码新城

　　设计：中建国际
　　绘制：丝路数码技术有限公司

1 建银大厦
设计：武汉轻工建筑设计有限公司
绘制：武汉擎天建筑设计咨询有限公司

2 济南日报大厦
设计：山东同圆建筑设计集团有限公司
绘制：济南雅色机构

3 某单体办公楼
设计：谭东
绘制：上海右键巢起建筑表现

4 某产业园
设计：黑龙江省日盛设计有限公司
绘制：黑龙江省日盛设计有限公司

5 大冲改造
设计：华阳国际
绘制：丝路数码技术有限公司

1 某银行

设计：杭州中宇建筑设计有限公司
绘制：温州焕彩传媒

2 某装饰公司办公楼

设计：合肥浦发建筑装饰公司
绘制：合肥T平方建筑表现

3 某专利大厦

设计：中科院建筑设计研究院有限公司
绘制：河南灵度建筑景观设计咨询有限公司

4 某石油地块办公楼

设计：舟山规划建筑设计研究院
绘制：杭州骏翔广告有限公司

5 某科技大厦

设计：苏州市规划院
绘制：苏州蓝色河畔建筑表现设计有限公司

1

1 某国际金融中心

　　设计：中建国际
　　绘制：丝路数码技术有限公司

2 中铁二局办公楼

　　绘制：成都市浩瀚图像设计有限公司

3 天信大厦

　　绘制：杭州弧引数字科技有限公司

设计：上海群马建筑设计咨询有限公司
绘制：上海翼觉建筑设计咨询有限公司

设计：OUR（HK）设计事务所
绘制：深圳市长空永恒数字科技有限公司

设计：东莞市维美建筑设计有限公司
绘制：东莞市天海图文设计

③

1 天津某办公区

设计：上海群马建筑设计咨询有限公司
绘制：上海翼觉建筑设计咨询有限公司

2 深圳龙岗办公楼

设计：OUR（HK）设计事务所
绘制：深圳市长空永恒数字科技有限公司

3 松山湖科技大厦

设计：东莞市维美建筑设计有限公司
绘制：东莞市天海图文设计

1

2 如皋广电办公楼

    绘制：上海鼎盛建筑设计有限公司

3 吴江某办公楼

    设计：上海中房建筑设计有限公司
    绘制：上海鼎盛建筑设计有限公司

14

1 天津泛华大厦改造

设计：10studio— 藤建筑设计工作室
绘制：北京回形针图像设计有限公司

2 西安某办公楼

设计：深圳市博万建筑设计有限公司
绘制：深圳市深白数码影像设计有限公司

3 三所地块办公楼

设计：舟山市建筑规划设计研究院
绘制：杭州骏翔广告有限公司

4 日照广电大楼

设计：山东同圆建筑设计集团有限公司
绘制：济南雅色机构

1 某办公楼
　　设计：深圳建科院
　　绘制：深圳市原创力数码影像设计有限公司

2 宁波杭州湾新区办公楼
　　设计：中国联合工程公司
　　绘制：杭州博凡数码影像设计有限公司

1

1 农垦规划办公楼
设计：中科院建筑设计研究院有限公司
绘制：河南灵度建筑景观设计咨询有限公司

2 盘锦某办公楼
绘制：北京嘉格建筑设计有限公司

3 宁波高新区办公楼
设计：中南建筑设计院
绘制：宁波筑景

4 某沿河办公楼
设计：江苏省城市规划局
绘制：西安鼎凡数字科技有限公司

1 某写字楼

设计：陈耀
绘制：深圳市原创力数码影像设计有限公司

2 茶光办公区旧改

设计：中建国际
绘制：丝路数码技术有限公司

3 某空军办公楼

设计：上海第九设计研究院　樊叶波
绘制：上海谦和建筑设计有限公司

4 东营研究院高层办公楼

设计：上海刘志筠建筑设计事务所
绘制：上海艺筑图文设计有限公司

1

1

1 光华科技园

设计：大地国际建筑设计（四川分公司）
绘制：成都上润图文设计制作有限公司

2 华大基因办公楼

设计：华南理工大学建筑设计研究院
绘制：丝路数码技术有限公司

3 黄河明珠大厦

设计：加拿大宝佳国际建筑师有限公司
绘制：北京华洋逸光建筑设计咨询顾问有限公司

4 某总部广场

设计：机械工业第六设计研究院重庆分院
绘制：重庆瑞泰平面设计有限公司

2

1 银湖科创园
设计：中国联合工程公司
绘制：杭州博凡数码影像设计有限公司

2 中创大厦
绘制：上海今尚数码科技有限公司

3 中国金融信息大厦项目
设计：上海陆道工程设计管理有限公司
绘制：丝路数码技术有限公司

3

1 郑州某高层办公楼

　　设计：泛太平洋设计与发展有限公司
　　绘制：上海艺筑图文设计有限公司

3 智勤办公楼

　　绘制：深圳市图腾广告有限公司

5 岳阳广电

　　绘制：杭州弧引数字科技有限公司

2 长丰国际广场办公楼

　　设计：西部建筑抗震勘察设计研究院
　　绘制：西安鼎凡数字科技有限公司

4 裕源大厦

　　设计：山东同圆设计集团有限公司
　　绘制：济南雅色机构

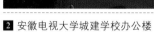

1 佑圣大厦

设计：浙江省城乡规划院
绘制：杭州潘多拉数字科技有限公司

2 安徽电视大学城建学校办公楼

设计：合肥市建筑设计研究院
绘制：合肥 T 平方建筑表现

3 仪征办公楼

设计：南京九筑行建筑设计顾问有限公司
绘制：高方

4 北辰双街地块办公楼

设计：天津市建筑设计院
绘制：天津天砚建筑设计咨询有限公司

5 滨海某高层

绘制：杭州弧引数字科技有限公司

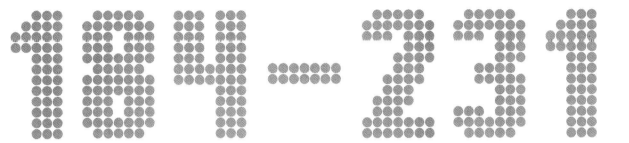

184-231

办公建筑
2013 建筑 + 表现

多层办公建筑
MULTI-STORY OFFICE BUILDINGS

1 2 西溪天地

设计：浙江通和建筑设计有限公司
绘制：杭州博凡数码影像设计有限公司

3 洛阳某企业办公楼

绘制：洛阳张涵数码影像技术开发有限公司

1 2 杭州建湖金融办公区
　绘制：上海携客数字科技有限公司

3 4 航天科工集团留学人员产业园
　设计：SYN 建设设计事务所
　绘制：北京映像社稷数字科技

1 某办公楼
设计：南京市建筑设计研究院
绘制：西安晶凡数字科技有限公司

2 某办公楼
设计：中国航天建设集团有限公司
绘制：北京回形针图像设计有限公司

3 某办公楼
绘制：大连景熙建筑绘画设计有限公司

4 某办公楼
设计：华汇工程建筑设计
绘制：天津天视建筑设计咨询有限公司

5 福建龙岩某办公楼

1 2 3 4 5 6　大连总部基地

设计：美国Burt·Hill
绘制：成都市浩瀚图像设计有限公司

1

2

3

1 2 3 煦华国际

　　设计：北京华太　许工
　　绘制：成都亿点数码艺术设计有限公司

4 定远服务中心

　　绘制：杭州弧引数字科技有限公司

绘制：北京图道影视多媒体技术有限责任公司

1

1 某电信

　　设计：杭州绿城
　　绘制：上海赫智建筑设计有限公司

3 崇明某办公楼

　　设计：华都建筑规划设计有限公司
　　绘制：丝路数码技术有限公司

2 4 某办公楼

　　设计：某建筑设计单位
　　绘制：北京图道影视多媒体技术有限责任公司

1 林源办公楼

　设计：哈尔滨工业大学城市规划设计研究院
　绘制：黑龙江省日盛设计有限公司

3 某办公楼

　绘制：北京图道影视多媒体技术有限责任公司

2 某出租车服务中心

　绘制：宁波芒果树图像设计有限公司

4 **5** 克拉玛依开发楼

　绘制：江苏印象乾图数字科技有限公司

1 某办公楼

设计：上海众鑫建筑设计研究院
绘制：上海域言建筑设计咨询有限公司

2 正信办公楼

绘制：宁波筑景

3 4 5 温州某办公楼

绘制：深圳南方数码图像设计有限公司

1 某电力办公楼

　设计：东南大学建筑设计研究院有限公司
　绘制：南京土筑人艺术设计有限公司

2 常平镇翠湖大厦

　绘制：东莞市天海图文设计

3 昌都某办公楼

　绘制：杭州弧引数字科技有限公司

4 大连忆达办公楼

　设计：PATEL
　绘制：丝路数码技术有限公司

1 2 宁波报业集团

设计：SYN建设设计事务所
绘制：北京映像社稷数字科技

3 南汽办公楼

设计：机械工业第四设计研究院
绘制：洛阳张涵数码影像技术开发有限公司

1 2 莘庄 EVONIK 研发中心

设计：上海米川建筑设计事务所
绘制：上海瑞丝数字科技有限公司

3 4 上海陆家嘴富都项目

设计：上海米丈建筑设计有限公司
绘制：杭州博凡数码影像设计有限公司

1 2 3 4 盛平旧改项目

设计：宗灏建筑设计
绘制：深圳市水木数码影像科技有限公司

1 2 郑州机场办公楼
　设计：深圳东北设计院
　绘制：深圳市原创力数码影像设计有限公司

3 某办公区
　绘制：北京尚图数字科技有限公司

4 某办公楼
　设计：中国航天建设集团有限公司
　绘制：北京回形针图像设计有限公司

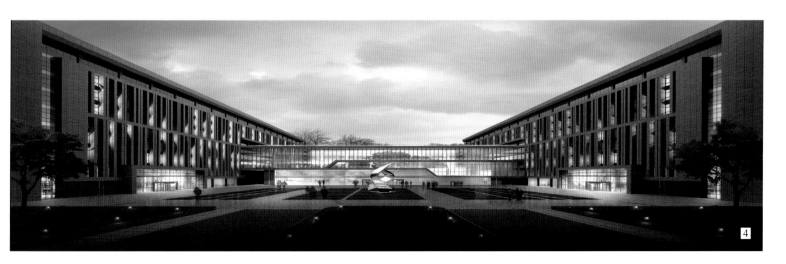

1 城市苗圃
   设计：杭州全景建筑咨询有限公司
   绘制：杭州博凡数码影像设计有限公司

2 龙岩某办公楼
   设计：华汇工程建筑设计
   绘制：天津天砚建筑设计咨询有限公司

3 绿地九江某接待中心
   绘制：上海携客数字科技有限公司

4 某出版集团办公楼
   绘制：北京图道影视多媒体技术有限责任公司

5 马来西亚某综合楼
   绘制：丝路数码技术有限公司

1 2 某办公楼
设计：北京维拓时代建筑设计有限公司
绘制：北京力天华盛建筑设计咨询有限责任公司

3 4 5 某产权交易中心
设计：北京中元国际设计研究院
绘制：北京华洋逸光建筑设计咨询顾问有限公司

1 外国某办公楼
绘制：成都蓝宇图像

2 某幕墙项目
绘制：成都上润图文设计制作有限公司

1 某邮电院办公楼

设计：邮电院
绘制：丝路数码技术有限公司

2 **3** 梅山某办公楼

设计：宁波市城建设计研究院
绘制：宁波筑景

4 **5** 河南郑州某项目

设计：SYN 建设设计事务所
绘制：北京映像社稷数字科技

1 顺义某办公楼

　　设计：龙安华诚建筑设计有限公司
　　绘制：北京映像社稷数字科技

2 太阳宫办公楼

　　设计：藤设计　朱晨　高杨
　　绘制：北京回形针图像设计有限公司

3 石家庄某办公楼

　　绘制：北京意格建筑设计有限公司

1 沈阳某办公楼

  绘制：北京意格建筑设计有限公司

2 上海北京东路某办公建筑

  绘制：上海携客数字科技有限公司

3 苏州盈创公司总部

  设计：上海米丈建筑设计有限公司
  绘制：杭州博凡数码影像设计有限公司

4 外国某办公建筑

  绘制：成都蓝宇图像

5 沙曲办公楼

  设计：中煤科工集团南京设计研究院
  绘制：西安鼎凡数字科技有限公司

1 宁波银行

设计：宁波市城建设计研究院
绘制：宁波筑景

2 宁波报业办公楼

设计：SYN 建设设计事务所
绘制：北京映像社稷数字科技

3 某旧楼改造

设计：吴迪
绘制：西安创景建筑景观设计有限公司

4 某办公建筑

设计：FUKSAS
绘制：丝路数码技术有限公司

1 某办公建筑
设计：格兰瑞德
绘制：丝路数码技术有限公司

2 鄞州银行
设计：华展
绘制：宁波筑景

3 某综合大楼
设计：西南建筑设计研究院五所
绘制：成都星图数码　陈禹

4 某办公建筑
设计：FUKSAS
绘制：丝路数码技术有限公司

1 重庆云计算

    设计：SYN 建设设计事务所
    绘制：北京映像社稷数字科技

2 中国瑞林办公楼

    设计：中国瑞林建筑工程技术有限公司
    绘制：南昌浩瀚数字科技有限公司

3 中天钢铁办公楼

    绘制：江苏印象乾图数字科技有限公司

4 杭州天安产业园

    设计：上海水石国际
    绘制：上海瑞丝数字科技有限公司

1 金城办公楼

　　绘制：武汉市自由数字科技有限公司

2 外国某办公楼

　　绘制：成都蓝宇图像

3 重庆观音桥项目

　　设计：华东建筑设计研究院有限公司
　　绘制：重庆瑞泰平面设计有限公司

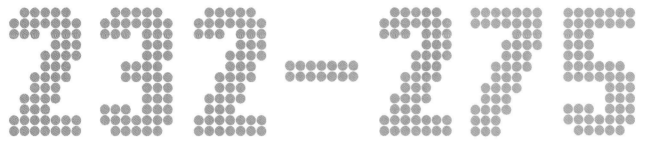

232-275

办公建筑

2013 建筑 ＋ 表现

行政办公建筑
ADMINISTRATIVE BUILDINGS

1 2 3 西部公共事业服务中心
设计：重庆觉城建筑设计咨询有限公司
绘制：重庆光头建筑表现

1

2

1 某公建

绘制：福州全景计算机图形有限公司

2 **3** 福建龙岩某办公楼

设计：华汇工程建筑设计
绘制：天津天砚建筑设计咨询有限公司

3

1 2 3 温州市公安局

设计：杭州华艺建筑设计有限公司
绘制：杭州拓景数字科技有限公司

金盾区人力资源服务大厦

1 金阊区人力资源服务大厦
设计：苏州市规划院
绘制：苏州蓝色河畔建筑表现设计有限公司

2 昆山检测中心
设计：上海华墨建筑设计事务所有限公司
绘制：上海鼎盛建筑设计有限公司

3 顺义街道办事处
绘制：丝路数码技术有限公司

湖北能源调度大楼
设计：凌云幕墙
绘制：武汉擎天建筑设计咨询有限公司

1

1 温州市气象局

　　设计：浙江省建筑设计研究院
　　绘制：杭州拓景数字科技有限公司

2 赤壁市卫生局

　　设计：武汉轻工建筑设计有限公司
　　绘制：武汉擎天建筑设计咨询有限公司

3 南浔税务局

　　设计：上海现代都市院
　　绘制：上海瑞丝数字科技有限公司

4 泗水县农业检测中心

　　设计：北京舍垣建筑设计咨询有限公司
　　绘制：济南雅色机构

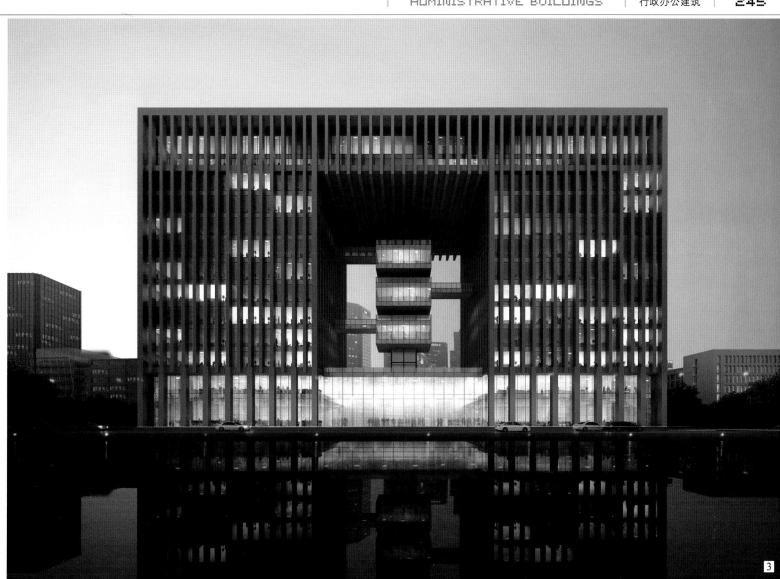

1 某政府办公楼
　设计：上海筑博建筑设计有限公司
　绘制：上海艺筑图文设计有限公司

2 赤壁水利局
　设计：武汉轻工建筑设计有限公司
　绘制：武汉馨天建筑设计咨询有限公司

3 4 江西南昌供电公司
　设计：同济大学设计研究院南昌分院
　绘制：南昌浩瀚数字科技有限公司

3

4

1 某政府大楼

　　设计：苏州规划设计院
　　绘制：苏州蓝色河畔建筑表现设计有限公司

2 某行政办公楼

　　绘制：上海翰境数码科技有限公司

3 某法院

　　设计：东莞市东城建筑规划设计院
　　绘制：东莞市天海图文设计

1 2 孝感人社局办公楼

设计：中信建筑设计研究总院有限公司
绘制：武汉擎天建筑设计咨询有限公司

3 4 孝感行政服务中心

设计：中信建筑设计研究总院有限公司
绘制：武汉擎天建筑设计咨询有限公司

1 某环保局

绘制：北京未来空间建筑设计咨询有限公司

2 某气象局

绘制：东莞市天海图文设计

3 某办公楼

设计：海口设计院
绘制：合肥市包河区徽源图文设计工作室

4 梅山服务中心

设计：宁波市城建设计研究院
绘制：宁波筑景

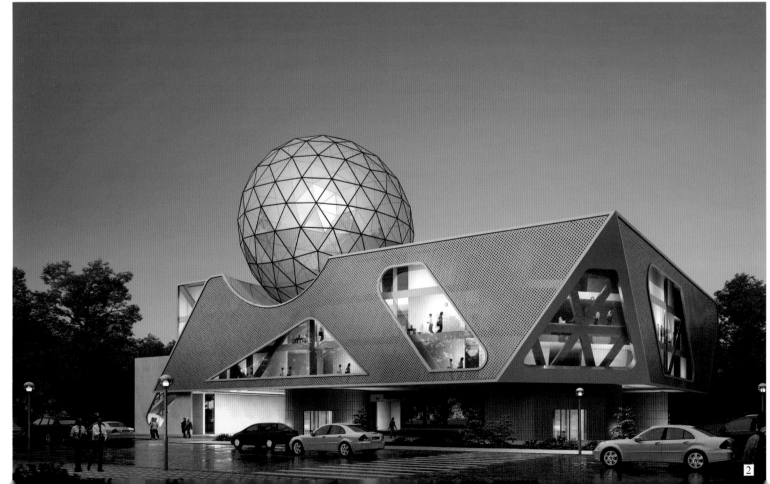

1 梅山便民服务中心

　　设计：宁波市城建设计研究院
　　绘制：宁波筑景

2 某办公楼

　　绘制：福州全景计算机图形有限公司

3 **4** **5** 农七师行政中心

　　设计：上海创霖建筑规划设计有限公司
　　绘制：上海日盛 & 南宁日易盛设计有限公司

1 泰州公安局

设计：南大
绘制：丝路数码技术有限公司

2 锡市公安局办公楼

设计：北京汉华建筑设计有限公司
绘制：北京回形针图像设计有限公司

3 绍兴柯桥服务站

设计：绍兴华汇建筑设计有限公司
绘制：杭州拓景数字科技有限公司

4 山东东明北部新区行政中心

绘制：上海携客数字科技有限公司

1 2 厦门观音山服务中心

设计：厦门华扬工程设计有限公司 傅强
绘制：厦门众汇 ONE 数字科技有限公司

3 某卫生局

设计：武汉轻工建筑设计有限公司
绘制：武汉擎天建筑设计咨询有限公司

1

2

3

1 盛泽防汛物资储备站

　　设计：柯兰设计
　　绘制：上海日盛 & 南宁日易盛设计有限公司

2 青山监管站

　　设计：武汉轻工建筑设计有限公司
　　绘制：武汉擎天建筑设计咨询有限公司

3 宜新行政楼

　　绘制：杭州弧引数字科技有限公司

4 某交通局

　　设计：江苏中森建筑设计研究院
　　绘制：南京骅琪建筑景观设计有限公司

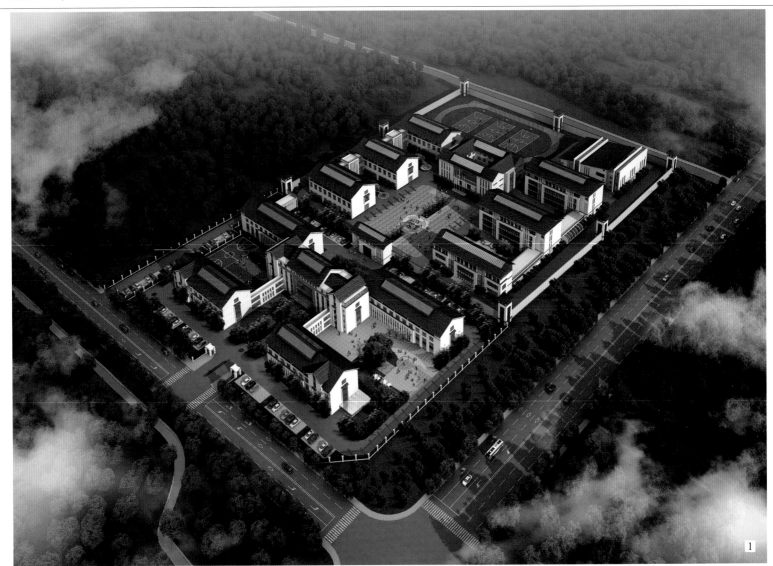

1 2 某劳教所
　设计：中南建筑设计院
　绘制：宁波筑景

3 某环保局
　设计：宏正建筑设计院
　绘制：杭州景尚科技有限公司

1 某演练基地

设计：概念源
绘制：宁波筑景

3 某办公楼

设计：谷应先
绘制：丝路数码技术有限公司

2 南京税务局

设计：东南大学建筑设计研究院
绘制：南京土筑人艺术设计有限公司

4 临沧法治园

设计：上海清九建筑设计有限公司　王淞淞
绘制：上海谦和建筑设计有限公司

1 某国税局方案二
设计：中信建筑设计研究总院有限公司
绘制：武汉擎天建筑设计咨询有限公司

2 3 某区政府
绘制：北京未来空间建筑设计咨询有限公司

1

1 大丰检察院

　　设计：东南大学建筑设计研究院
　　绘制：南京土筑人艺术设计有限公司

3 **4** 包头行政中心

　　设计：山东同圆设计集团有限公司
　　绘制：济南雅色机构

2 安徽省建设厅办公楼

　　设计：安徽省建筑设计研究院
　　绘制：合肥 T 平方建筑表现

1 2 杭州建湖行政区规划
绘制：上海携客数字科技有限公司

3 银湖行政楼
绘制：杭州弧引数字科技有限公司

4 张家港广委大楼
设计：深圳市筑博工程设计有限公司上海分公司
绘制：上海鼎盛建筑设计有限公司

5 诸暨检察院
绘制：杭州弧引数字科技有限公司

1 南浔法院

设计：中联程泰宁建筑设计研究院
绘制：上海艺筑图文设计有限公司

2 珠江服务区

设计：哈尔滨工业大学建筑设计研究院
绘制：黑龙江省日盛设计有限公司

3 诸暨行政中心

设计：天津大学
绘制：天津天砚建筑设计咨询有限公司

4 长兴行政服务中心

设计：RTA
绘制：丝路数码技术有限公司

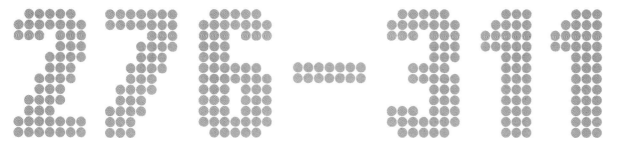

276-311

工业建筑
INDUSTRIAL BUILDING

2013 建筑 + 表现

1 2 3 荆门仪邦物流城

设计：温州天然勘察设计有限公司

绘制：杭州拓景数字科技有限公司

4 5 唐山中运金属物流中心

设计：中国城市建设研究院

绘制：北京图道影视多媒体技术有限责任公司

1 2 3 4 云南普洱物流项目

设计：厦门云程建筑设计有限公司　陈闽伟　黄鸿波
绘制：厦门众汇 ONE 数字科技有限公司

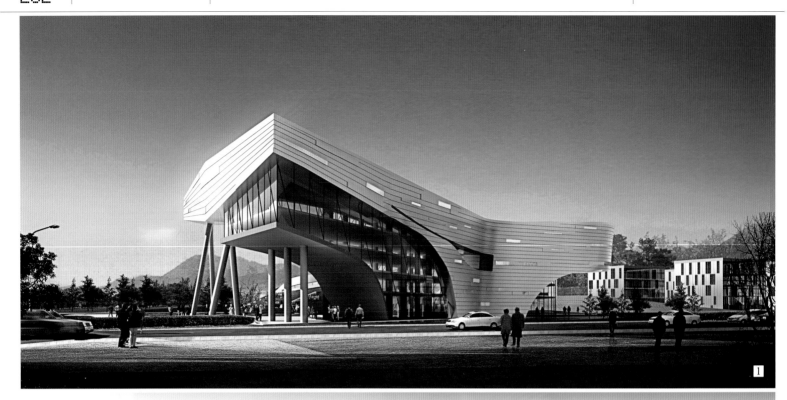

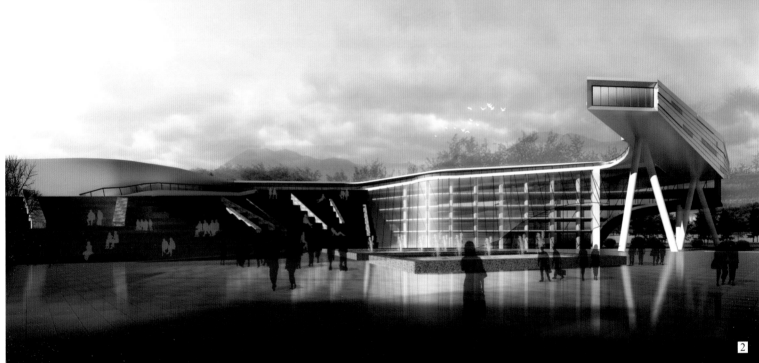

4

5

1 2 3 物联网项目
绘制：成都上润图文设计制作有限公司

4 5 成都物流园
设计：中机十院（深圳）
绘制：深圳市水木数码影像科技有限公司

1 洛阳某物流中心

  绘制：洛阳张涵数码影像技术开发有限公司

2 阿克苏国际物流园

  绘制：绵阳市瀚影数码图像设计有限公司

3 **4** **5** **6** 内蒙古元福物流产业园

  设计：SYN 建设设计事务所
  绘制：北京映像社稷数字科技

1 2 3 4 内蒙古元福物流产业园
设计：SYN 建设设计事务所
绘制：北京映像社稷数字科技

1 某汽车城
设计：上海米川建筑设计事务所
绘制：上海瑞丝数字科技有限公司

2 奔驰汽车城
绘制：武汉擎天建筑设计咨询有限公司

1

1 2 3 某汽车城

设计：曹波工作室　黎工
绘制：成都亿点数码艺术设计有限公司

1 2 3 4 宏亿集团厂区

设计：成都博坊建筑设计
绘制：成都上润图文设计制作有限公司

1

2

设计：厦门华炀工程设计有限公司　傅强
绘制：厦门众汇 ONE 数字科技有限公司

设计：厦门华炀工程设计有限公司　傅强
绘制：厦门众汇 ONE 数字科技有限公司

1 2 3 三安光电—淮南办公楼

设计：厦门华炀工程设计有限公司　傅强
绘制：厦门众汇 ONE 数字科技有限公司

4 日光伏

设计：厦门华炀工程设计有限公司　傅强
绘制：厦门众汇 ONE 数字科技有限公司

1 某动漫园

设计：北京诚和通达建筑设计工程有限公司
绘制：北京回形针图像设计有限公司

2 伟禄科技园

设计：深圳市建筑科学研究院有限公司
绘制：深圳市深白数码影像设计有限公司

3 4 5 上海烟厂

设计：机械工业第六设计研究院有限公司
绘制：河南灵度建筑景观设计咨询有限公司

1 2 3 4 上海烟厂

设计：机械工业第六设计研究院有限公司
绘制：河南灵度建筑景观设计咨询有限公司

1 某产业园

设计：南通四建设计研究院
绘制：南京骅琪建筑景观设计有限公司

2 科远厂房

设计：炎黄
绘制：丝路数码技术有限公司

3 罗牛山工业园

设计：香港华艺建筑设计
绘制：深圳市水木数码影像科技有限公司

4 杭州湾厂房

绘制：宁波筑景

3

4

1 2 3 4 成都飞利浦厂区
设计：张万鑫
绘制：上海赫智建筑设计有限公司

3

4

1 麦隆厂区

　　设计：天宸设计
　　绘制：黑龙江省日盛设计有限公司

2 **3** 某创业园

　　设计：意大利迈丘设计事务所
　　绘制：深圳市深白数码影像设计有限公司

1 4 华强龙岗宝龙工业园
　设计：OUR（HK）设计事务所
　绘制：深圳市长空永恒数字科技有限公司

2 某厂房项目
　设计：汉嘉设计集团股份有限公司重庆分公司
　绘制：重庆瑞泰平面设计有限公司

3 杭州某厂房改造 SOHO
　设计：SERIE
　绘制：丝路数码技术有限公司

1 2 3 渝兴产业园 B 区
设计：机械工业第六设计研究院重庆分院
绘制：重庆瑞泰平面设计有限公司

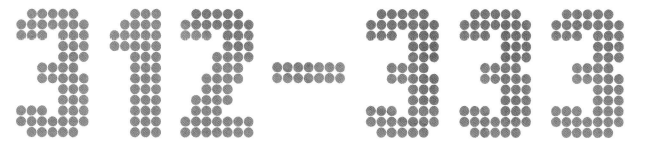

会所

2013 建筑 + 表现

1 2 龙广场会所
设计：宗濑建筑设计
绘制：深圳市水木数码影像科技有限公司

设计：宗灏建筑设计
绘制：深圳市水木数码影像科技有限公司

1 2 3 4 龙广场会所

设计：宗灏建筑设计
绘制：深圳市水木数码影像科技有限公司

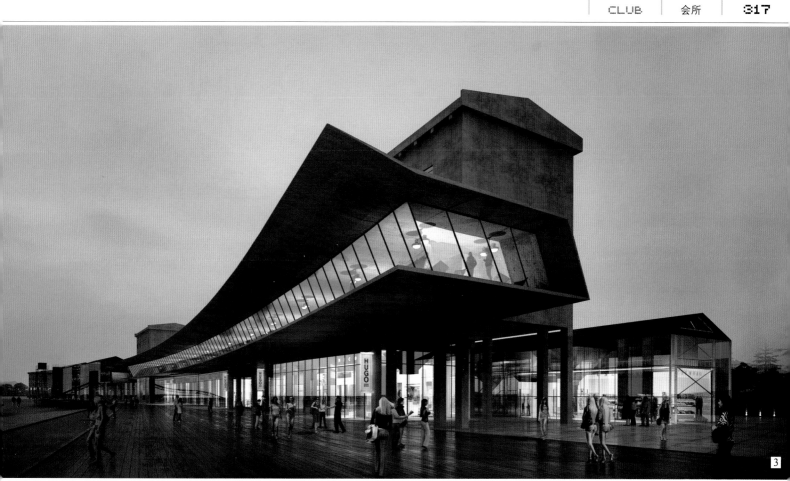

1 街子会所

设计：重庆西恩建筑设计咨询有限公司
绘制：重庆瑞泰平面设计有限公司

2 秦皇岛高尔夫会所

设计：索琪
绘制：丝路数码技术有限公司

3 **4** 某高尔夫会所

设计：王邦研
绘制：上海赫智建筑设计有限公司

1

3

1 某俱乐部
设计：海唐
绘制：丝路数码技术有限公司

2 某会所习作
绘制：杭州博凡数码影像设计有限公司

3 珠山西会所
设计：上海PRC建筑咨询有限公司
绘制：上海瑞丝数字科技有限公司

4 黄河口会所

绘制：上海今尚数码科技有限公司

5 某会所

绘制：上海域言建筑设计咨询有限公司

1 长沙梅溪湖会所

  设计：上海水石国际
  绘制：上海瑞丝数字科技有限公司

2 某会所

  设计：厦门华炀工程设计有限公司　傅强
  绘制：厦门众汇 ONE 数字科技有限公司

3 **4** **5** 上海虹桥某高尔夫会所

  绘制：上海携客数字科技有限公司

3

4

5

1 2 3 巴山望王山会所

设计：北京正东　李翔　田林
绘制：成都市浩瀚图像设计有限公司

4 某会所

绘制：北京尚图数字科技有限公司

5 安徽和阖生态园会所

绘制：上海携客数字科技有限公司

1 日出东方住宅小区会所

设计：厦门拓维建筑设计咨询有限公司　赵文贤　解玲玲　黎志平
绘制：厦门众汇 ONE 数字科技有限公司

2 **3** **4** 上海建国西路太原路会所

设计：上海协宇建筑设计有限公司　孔晓健
绘制：上海谦和建筑设计有限公司

设计：标高建筑设计事务所
绘制：上海日盛＆南宁日易盛设计有限公司

设计：炎黄国际深圳公司
绘制：深圳市千尺数字图像设计有限公司

江阴某会所

1 2 3 吉林电力会所

设计：标高建筑设计事务所
绘制：上海日盛＆南宁日易盛设计有限公司

4 江阴某会所

设计：炎黄国际深圳公司
绘制：深圳市千尺数字图像设计有限公司

5 某会所

绘制：重庆瑞泰平面设计有限公司

6 某会所

设计：上海米川建筑设计事务所
绘制：上海瑞丝数字科技有限公司

7 澜廷会所

设计：浙江绿城东方建筑设计有限公司
绘制：杭州博凡数码影像设计有限公司

1 海南仙亨某会所
绘制：上海博客数字科技有限公司

2 西岛会所
绘制：深圳市千只数字图像设计有限公司

3 某会所
设计：深圳市千只数字图像设计有限公司
绘制：西安创意建筑景观设计有限公司

4 某会所
设计：李秋曦
绘制：北京高能筑建筑设计事务所

5 某中式会所
设计：北京东方教雪数字科技有限公司
绘制：北京东方教雪数字科技有限公司

CKYH
长空永恒数字科技
ChangKong YongHeng Digital Technology

深圳市长空永恒数字科技有限公司　　地址：深圳市　福田区　深南中路
3037号　南光捷佳大厦 510
电话：0755-8304-3729
QQ：2583-91058
效果图　动画　多媒体　虚拟现实　　E-mail：ckyh2018@126.com

千尺数字机构

提炼至美基调，还原建筑本色！

深圳市千尺数字图像设计有限公司成立于 2010 年 5 月，公司拥有资深团队，专注于制作建筑室内外效果图、园林效果图、建筑动画、多媒体等。千尺数字图像是务实有效、团结激进的一个团队！专注于每一个流程，每一个细节，每一份成品都是兼备艺术与商业的双重价值的良品！提炼至美基调，还原建筑本色！

联系人：张恒　　电话：82037484　　手机：15818605598
深圳市千尺数字图像设计有限公司
深圳市福田区竹子林金民大厦 1407-1408 室地铁竹子林站 B2 出口，东方银座酒店后面

森凯盟数字科技
SKYMIND™

Taylormade Burner Rescue High Launch

数字光电影像沙盘　多通道环幕影像技术　数字售楼营销系统　建筑环境表现　影视形象片　三维数字影像片

电话：+86 075526606609　18926521066
传真：+86 075526907261
邮箱：market@skymind.cn
地址：总公司—深圳市南山区湖滨花园通晖阁220
分公司—深圳市南山区南油大厦508

尚景源
FASHION FUTURE
联系电话：0755-36923397

影视制作 MOVIE DIRETOR　　建筑表现 RENDERING
三维动画 3D ANIMATION　　多媒体技术 MULTIMEDIA
虚拟现实 VIRTUAL REALITY

深圳尚景源设计咨询有限公司，于2006年在深圳成立，并先后在昆明、南宁等地设有分公司。公司由建筑学专业、环境艺术设计专业、美术专业及动画专业技术人员组成的专业队伍。我们一直致力于：建筑效果图、三维动画、多媒体制作和技术开发。我们有着强大的的专业队伍和良好的团队合作精神。我们坚信："尚景源"为您量身定做的优质服务，将为您的事业增添强大的竞争力。愿我们的专业水准与优质服务助您的事业走向更加的辉煌。

尚景源
FASHION FUTURE
电话：0755-36923397

联系人：陈 单
电话（Tel）：+86 755 3692 3397
传真（Fax）：+86 755 2399 1571
邮箱（Mail）：fashionfuture@foxmail.com
地址（Add）：深圳市福田区振兴路华康大厦B栋306

建筑表现 数字沙盘 地产动画 媒体制作
3D MAX RENDERING   DIGITAL SANDBOX   REAL ESTATE ANIMATION   MULTIMEDIA

DEEP WHITE
深圳市深白数码影像设计有限公司

CONTACT
◆ TEL: 13723771982 +86 755 83219731
◆ FAX: +86 755 83219727
◆ E-MAIL: shenbai@shen-bai.com
◆ 中国 深圳 福田区振华路45号汽车大厦A 610

"深白"，这个逻辑上不存在的颜色，充满了所有的可能与想象

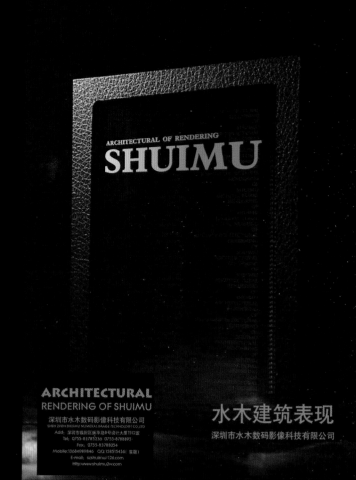

ARCHITECTURAL OF RENDERING
SHUIMU

ARCHITECTURAL
RENDERING OF SHUIMU
深圳市水木数码影像科技有限公司
SHEN ZHEN SHUIMU NUMERICAL IMAGE TECHNOLOGY CO.,LTD
Add: 深圳市福田区乐华路8号设计大厦1512室
Tel: 0755-83785230 0755-8788895
Fax: 0755-83788054
Mobile:13684080846 QQ:158515436(客服)
E-mail: szshuimu@126.com
Http:www.shuimu2w.com

水木建筑表现
深圳市水木数码影像科技有限公司

A professional assistant architecture design services provider :

PROJECT TOTEM

DESIGN SERVICES :

> 建筑方案 ARCHITECTURE CONCEPT DESIGN
> 辅助设计 ASSISTANT ARCHITECTURE DESIGN
> 投标文本 COMPETITION DOCUMENT DESIGN
>
> 投标动画 3 DIMENSIONAL MOVIES FOR COMPETITIONS
> 地产影片 REAL ESTATE MOVIES
> 投标演示 MULTIMEDIA PRESENTATION FOR COMPETITIONS
> 建筑渲染 ARCHITECTURAL RENDERINGS
> 室内渲染 INTERIOR RENDERINGS
> 虚拟现实 VIRTUAL REALITY TECHNOLOGY
>
> 平面设计 GRAPHIC DESIGN
> 公司网站 WEBSITE DESIGN & HOSTING
> 地产网站 WEBSITE FOR REAL ESTATE
> 电子图书 E-MAGAZINE
>

2012 SPECIAL

83040302
83040320

图腾计划   深圳市福田区深南中路嘉麟豪庭A座1103#   13603062676陈工

深圳市——凡数字影像
一流服务 非凡品质

地址：深圳市南山区文心五路东大湖南大厦1501-1
电话：0755-26480011
传真：0755-26483011
QQ：2314919937 2464705224 2529057686

原创力数码
SYNERGY DIGITAL

深圳市原创力数码影像设计有限公司
地址：深圳市南山区南海大道原德总园A座17C
联系人：褚巍 13828888058   E-MAIL:353312093@QQ.COM
公司电话：0755-85285949   QQ:353312093

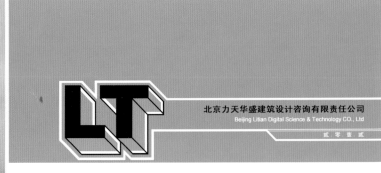

北京力天华盛建筑设计咨询有限责任公司
Beijing Litian Digital Science & Technology CO., Ltd

贰零壹贰

2010   力天

北京市海淀区车公庄西路乙19号华通大厦B座北塔16层1803室
                                              邮编:100048
                                        Q: 48819198
                                        E: litian_bj@126.com
                        T: 010-88018236   010-88018839

FIGURE Road
图道数字综合应用

为设计师与客户间搭建一座灵感与想象的桥梁

FUTURE Space
北京未来空间数字科技有限公司

北京图道影视多媒体技术有限责任公司
电话：010-68470813
传真：010-68470813 - 8007
邮箱：bj_tudao@163.com
网站：www.bjtudao.com

总部：北京海淀区林大北路768创意产业园D02栋   分部：北京朝阳区惠新里3号508室   手机:13671032665   电话：82423307   经理：张敏